ÉTUDE

DE

QUELQUES COMBINAISONS MOLÉCULAIRES

DE LA

Diphénylcarbazide

PAR

Jacques LAPRAS

Docteur en pharmacie de l'Université de Lyon
Pharmacien de première classe
Lauréat de la Faculté
Ex-pharmacien adjoint des hôpitaux de Lyon

LYON

A. STORCK & Cⁱᵉ, IMPRIMEURS-ÉDITEURS

8, Rue de la Méditerranée, 8

1902

ÉTUDE

DE

QUELQUES COMBINAISONS MOLÉCULAIRES

DE LA

Diphénylcarbazide

PAR

Jacques LAPRAS

Docteur en pharmacie de l'Université de Lyon
Pharmacien de première classe
Lauréat de la Faculté
Ex-pharmacien adjoint des hôpitaux de Lyon

LYON

A. STORCK & Cie, IMPRIMEURS-ÉDITEURS

8, Rue de la Méditerranée, 8

1902

PRÉFACE

Notre travail est divisé en quatre chapitres.

1° Définition des carbazides. — Préparation et étude de la diphénylcarbazide.

2° Modes de formation et propriétés de la diphénylcarbazone. L'étude de ce corps nous a paru nécessaire pour bien faire comprendre les réactions de nos combinaisons.

3° Dans ce chapitre, nous donnerons le procédé général qui nous a servi à isoler les combinaisons équimoléculaires nouvelles dont la description fera l'objet du dernier chapitre.

4° Étude de nos combinaisons.

Ces recherches ont été entreprises sous l'inspiration et sous la haute direction de M. le professeur Cazeneuve qui n'a cessé pendant tout le cours de notre travail de nous prodiguer ses conseils bienveillants. Qu'il nous soit permis de lui en témoigner notre plus profonde et plus respectueuse reconnaissance.

Nous adressons tous nos remerciements à M. le professeur Crolas d'avoir bien voulu nous faire l'honneur d'accepter de faire partie de notre jury.

Nous tenons à témoigner notre reconnaissance à M. le professeur agrégé Moreau qui nous a initié à nos premiers dosages et n'a cessé de nous prodiguer ses conseils.

Que M. le professeur agrégé Sambuc reçoive ici l'expression de notre profonde gratitude.

CHAPITRE PREMIER

Historique

Les carbazides sont des amides de l'acide carbonique dans lesquelles les groupes amidogènes sont remplacés par des résidus d'hydrazine. Cette série de corps a été découverte par M. E. Fischer.

L'acide carbonique, étant bibasique, donne naissance à une diamide, l'urée. Si les deux groupements AzH^2 de la carbamide sont remplacés par deux groupements AzH-AzH^2, M. Fischer appelle carbazide le corps ainsi formé ; si un seul groupe AzH^2 est ainsi remplacé, il donne au produit qui en résulte celui de semicarbazide.

Le terme régulier qui doit désigner le composé

$$CO\begin{cases} AzH - AzH^2 \\ AzH - AzH^2 \end{cases}$$

serait la carbodihydrazine, de même que l'urée

$$CO\begin{cases} AzH^2 \\ AzH^2 \end{cases}$$ est désignée par carbodiamide.

Modes généraux de formation. — Les carbodihy-drazides (carbazides)

$$CO\begin{cases} AzH - AzH.R \\ AzH - AzH.R \end{cases}$$

prennent naissance quand on fait réagir les hydra-zines sur l'urée ou sur l'uréthane

$$CO\begin{cases} AzH^2 \\ AzH^2 \end{cases} + 2\,(AzH^2 - AzHC^6H^5) =$$

$$CO\begin{cases} AzH - AzHC^6H^5 \\ AzH - AzHC^6H^5 \end{cases} + 2\,AzH^3$$

Avec l'uréthane, la réaction est la suivante :

$$CO\begin{cases} AzH^2 \\ OC^2H^5 \end{cases} + 2\,(AzH^2 - AzHC^6H^5) =$$

$$CO\begin{cases} AzH - AzHC^6H^5 \\ AzH - AzHC^6H^5 \end{cases} + 2\,AzH^3 + C^2H^6O$$

Nous avons obtenu notre diphénylcarbazide en faisant réagir la phénylhydrazine sur l'urée. On augmente le degré de pureté du produit en faisant le dérivé acétique que l'on décompose ensuite par la chaleur.

Voici le mode opératoire indiqué par M. le professeur Cazeneuve.

La théorie montre que 327 grammes phénylhydra-zine et 90 grammes urée doivent donner 51 grammes d'ammoniaque et 366 grammes d'urée de la phényl-hydrazine. Dans un ballon muni d'un tube de sûreté et d'un tube à dégagement, on chauffe un mélange d'urée et de phénylhydrazine dans les proportions ci-dessus, jusqu'à ce que l'on ait obtenu dans un flacon laveur 51 grammes d'ammoniaque. Ceux-ci recueillis, le résidu du ballon est repris à chaud par 625 c.c. d'acide acétique cristallisable additionné de 625 c.c. d'eau. Les cristaux obtenus par refroidissement, dissous à nouveau dans la même quantité d'acide acétique étendu également de son volume d'eau, sont, après cristallisation, essorés et séchés à l'air ou même dans le vide. Cette combinaison acétique se décompose à l'étuve à 80° pour donner de la diphénylcarbazide.

Dans cette opération, il se produit toujours une certaine quantité de benzine venant surnager au-dessus de la solution ammoniacale. Elle provient sans doute d'une décomposition des premières parties de diphénylcarbazide formées. Cette décomposition est probablement analogue à celle signalée par Pinner lorsqu'on chauffe au-dessus de 170° la phényl-semicarbazide (1). D'après ce chimiste, cette dernière substance, à partir de 170°, se décompose lentement en donnant de l'ammoniaque, de l'acide carbonique, de l'oxyde de carbone et de la benzine. Le résidu renferme de la phénylsemicarbazide inaltérée et du phénylurazol.

Il est nécessaire d'employer exactement l'urée et

____

(1) *Bull. Soc. Chimique.*

la phénylhydrazine dans les proportions ci-dessus. Avec un excès d'urée, il se produit de la phénylsemicarbazide (Pinner).

Skinner et Ruhmann ont étudié l'action de la phénylhydrazine sur les termes de la série de l'urée. L'uréthane seul leur a donné de la diphénylcarbazide. Avec le biuret, ces chimistes ont obtenu un corps en $C^8H^7Az^3O^2$.

G. Heller a également étudié l'action de l'oxysulfure de carbone, du phosgène et du chlorocarbonate d'éthyle sur la phénylhydrazine (*Lieb. Ann. Chem.*, 263, p. 269). Si dans de l'éther refroidi, contenant en dissolution de la phénylhydrazine, on fait passer un courant de COS, il se dépose des cristaux déliquescents solubles dans l'alcool et le chloroforme, fusibles à 84° avec dégagement de gaz. Ce composé renferme $C^{14}H^{16}Az^4OS$ et représente le phénylsemisulfocarbazinate de phénylhydrazine

$$CS\begin{cases} AzH - AzHC^6H^5 \\ OAzH^3 - AzHC^6H^5 \end{cases}$$

Ce corps, chauffé à 100° en tubes scellés, se transforme en un liquide brun qui cristallise en partie ; à l'ouverture du tube, il se dégage des gaz, entre autres SH^2 et AzH^3. La solution alcoolique du contenu est précipitée par l'éther, qui en sépare des cristaux incolores, fusibles à 163°. C'est la diphénylcarbazide. Les eaux mères alcooliques renferment de l'urée et de la diphénylurée.

La réaction du phosgène sur la phénylhydrazine

est très énergique et fournit la diphénylcarbazide d'après l'équation :

$$COCl^2 + 4 Az^2H^2C^4H^5 = CO (Az^2H^3C^4H^5)^2 + 2 C^6H^5Az^2H^4HCl$$

MM. Cazeneuve et Moreau ont obtenu très facilement avec des rendements élevés les carbazides ou carbodihydrazides en faisant réagir le carbonate de phénol sur l'hydrazine ordinaire, les hydrazines primaires et les hydrazines secondaires asymétriques. Les hydrazines secondaires symétriques, tertiaires ou quaternaires, n'étant plus des bases, ne réagissent pas. Quelques précautions sont nécessaires. Il faut régler la température d'action suivant les hydrazines intervenant ou la nature de l'éther employé. Elles se forment suivant l'équation :

$$4 (R - HAz - AzH^2) + CO^3 (C^6H^5)^2 = CO (AzH - AzHR)^2 +$$
$$2 (C^6H^5O - AzH^2 - AzHR)$$

L'emploi du carbonate de phényl donne, avec la phénylhydrazine, la carbodihydrazide, avec un rendement de 70 p. 100.

Voici le procédé employé : on chauffe à 160°-170° pendant une heure une molécule de carbonate phénylique, soit 25 grammes, au sein de quatre molécules de phénylhydrazine, soit 50 grammes environ. Il se dégage des traces de CO^2. Le liquide jaunit à peine. Par refroidissement, on obtient une masse cristalline d'un blanc jaunâtre qu'on reprend à chaud par 200 grammes d'alcool à 60°, fortement acidifié par HCl pour enlever l'excès de phénylhydrazine. L'alcool

coloré en jaune enlève le phénol formé et le chlorhy-
drate de phénylhydrazine. Deux nouvelles cristallisations dans l'alcool à 60° donnent le produit pur
correspondant à l'analyse à

$$CO\begin{cases} AzH - AzH\,C^6H^5 \\ AzH - AzH\,C^6H^5 \end{cases}$$

Le corps obtenu fond à 169°-170°. A 150°, le corps
prend une teinte rose sans fondre ; il semble subir
un commencement d'altération. Il se présente sous
forme de belles paillettes brillantes, souvent colorées
en rose, insolubles dans l'eau, solubles dans l'alcool
chaud, insolubles dans l'éther et la benzine.

MM. Cazeneuve et Morceau ont également préparé
cette carbazide par l'action de la phénylhydrazine
sur le carbonate de gaïacol. Ce dernier produit ne
donne pas un rendement aussi élevé que le carbonate
de phényl.

Propriétés de la diphénylcarbazide. — L'oxychlo-
rure de carbone réagit sur les carbodihydrazides en
donnant des composés de condensation formés suivant le schéma.

$$C^6H^5{-}AzH{-}AzH{-}CO \quad + \quad COCl^2 \quad =$$

$$AzH{-}AzH\,C^6H^5$$

$$C^6H^5AzH{-}AzH{-}C \overset{O}{\diamond} CO \quad + \quad 2\,HCl$$

$$Az \quad Az{-}C^6H^5$$

Le sulfochlorure de carbone donne de même des produits ayant pour constitution :

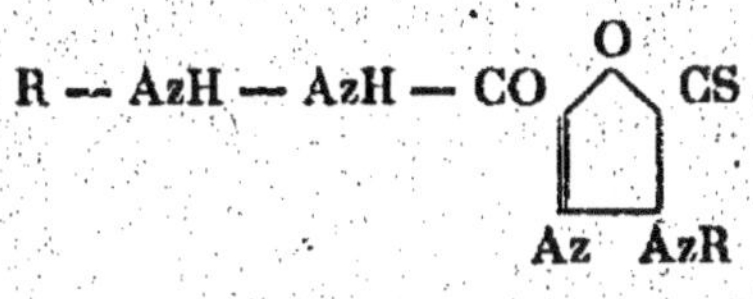

$$R - AzH - AzH - CO \overset{O}{\bigwedge} CS$$
$$\underset{Az \quad AzR}{}$$

et constituant des dérivés hydrazoïques du corps

$$CH \overset{O}{\bigwedge} CS$$
$$\underset{Az \quad AzH}{}$$

dérivant lui-même du noyau

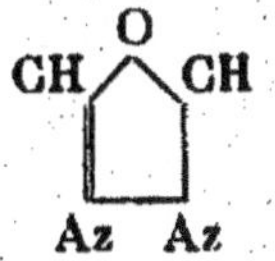

$$CH \overset{O}{\bigwedge} CH$$
$$\underset{Az \quad Az}{}$$

C'est ce noyau que MM. Freund et Kuh ont nommé biazol.

CHAPITRE II

Étude de la diphénylcarbazone

La diphénylcarbazide se dissout dans les alcalis avec une coloration rouge et l'acide sulfurique précipite de la solution un composé cristallisable dans la benzine en aiguilles orangées, solubles dans l'alcool, le chloroforme, fusibles à 157° : c'est la diphénylcarbazone :

$$CO\begin{cases}Az = Az - C^6H^5 \\ AzH - AzH - C^6H^5\end{cases}$$

Sous les influences oxydantes, action du bioxyde de manganèse, de l'oxyde de mercure et du bioxyde de plomb (Cazeneuve), la diphénylcarbazide se transforme également en diphénylcarbazone.

Sous l'influence de la poudre de zinc, on obtient la réaction inverse, c'est-à-dire la transformation de la diphénylcarbazone en diphénylcarbazide.

M. Cazeneuve a, le premier, montré la fonction acide de cette diphénylcarbazone. Nous allons rappeler ici l'étude qu'il a faite de ce corps. Elle nous servira à expliquer certaines réactions produites par nos combinaisons moléculaires.

La diphénylcarbazone donne un ensemble de composés organo-métalliques correspondant à la formule :

$$CO\left\langle\begin{array}{l}AzM - AzHC^6H^5 \\ Az = AzC^6H^5\end{array}\right.$$

Les dérivés cuivreux et mercureux ont été spécialement étudiés. Ces composés organo-métalliques, au sein de certains dissolvants organiques, chloroforme, benzine, sans l'intervention des acides, sans que la lumière ou la chaleur paraissent activer la réaction, se transforment avec perte de métal en carbazide encore inconnue :

$$CO\left\langle\begin{array}{l}Az = AzC^6H^5 \\ Az = AzC^6H^5\end{array}\right.$$

M. Cazeneuve a également reconnu que cette carbodiazide peut facilement se préparer, soit aux dépens de la diphénylcarbazide, soit aux dépens de la diphénylcarbazone, sous l'influence de l'acétate d'argent.

Si l'on verse une molécule de diphénylcarbazide symétrique, mise en solution alcoolique dans une solution aqueuse de deux molécules d'acétate de cuivre : soit 12 grammes de diphénylcarbazide dissous dans 500 grammes d'alcool à 93° et versés dans deux litres d'eau distillée refroidie vers 5° et contenant

20 grammes d'acétate neutre cristallisé, on obtient
la diphénylcarbazone cuivreuse

$$CO \begin{cases} AzCu - AzCuC^6H^5 \\ Az = Az - C^6H^5 \end{cases}$$

Les proportions indiquées dans la préparation ne
laissent libres, après la réaction, ni acétate de
cuivre, ni diphénylcarbazide. On constate simple-
ment l'acide acétique mis en liberté. Ce corps se
forme d'après l'équation suivante :

$$CO \begin{cases} AzH - AzHC^6H^5 \\ AzH - AzHC^6H^5 \end{cases} + 2 \left[(C^2H^3O^2)^2Cu \right] =$$

$$CO \begin{cases} AzCu - AzCuC^6H^5 \\ Az = AzC^6H^5 \end{cases} + 4\ C^2H^4O^2$$

Le précipité, d'aspect violet foncé, avec des reflets
mordorés, est recueilli sur un filtre puis lavé rapidement à l'eau distillée glacée et desséché dans le
vide.

Au-dessous de 100° à l'étuve, il se décompose avec
explosion.

Cette diphénylcarbazone cuivreuse est insoluble
dans l'eau, soluble dans l'alcool, l'éther, la benzine,
le sulfure de carbone ; mais surtout très soluble dans
le chloroforme. On obtient avec ce dissolvant une
solution d'un violet éclatant. Cette solution chloro-
formique s'altère spontanément, surtout avec le
concours d'un peu d'alcool. Il se dépose du chlorure

cuivreux en même temps qu'il se forme de la carbo-diazide. Cette diphénylcarbazone cuivreuse s'altère spontanément au contact de l'air et de l'humidité. Elle devient partiellement insoluble dans ses dissolvants habituels auxquels elle donne non plus une teinte violette mais une teinte verdâtre.

Elle est attaquée violemment par l'acide azotique.

La diphénylcarbazide, en solution hydralcoolique, en raison de la production de cette diphénylcar-bazone cuivreuse, d'une coloration violet intense, est un réactif très sensible des sels de cuivre qui dépasse la sensibilité du ferrocyanure de potassium. Il est nécessaire d'opérer en solution neutre.

Si, dans l'opération précédente, on remplace l'acétate de cuivre par l'acétate mercurique, il se forme un précipité bleu intense qui reste partiel-lement en solution à la faveur de l'acide acétique devenu libre. L'addition d'un peu de carbonate de soude rassemble le précipité en saturant une portion de l'acide acétique devenu libre.

Ce dérivé mercureux n'est pas oxydable comme le dérivé cuivreux. Il est beaucoup plus stable à la chaleur et se décompose bien au delà de 100°.

Il est insoluble dans l'eau, soluble dans l'alcool, la benzine, le sulfure de carbone, peu soluble dans l'éther, mais très soluble dans $CHCl^3$. Avec le temps, le corps subit une modification moléculaire et devient partiellement insoluble dans ses dissolvants. D'autre part, la benzine qui le dissout en bleu se décolore peu à peu avec le temps : elle devient jaunâtre.

La diphénylcarbazide se combine directement au mercure à haute température. Si, sur du mercure chauffé à 170° 180°, on projette de la diphénylcarbazide en poudre, le produit fond et prend une coloration violet pensée intense. Il est facile après refroidissement de dissoudre le corps dans le chloroforme. L'attaque a lieu au point de fusion du corps, 165°-170°. Au delà de 200°, le composé organo-métallique formé noircit et se décompose. Ce composé est-il identique ou non au dérivé mercureux que nous venons de décrire ? La teinte plus violacée du corps formé par attaque directe du mercure permet de penser qu'on a affaire à un dérivé différent.

La diphénylcarbazone attaque le mercure dans les mêmes conditions. Cette formation par voie directe d'un composé mercuriel organo-métallique rappelle l'attaque directe du cuivre par l'acétylène. La production de composés organo-métalliques par réaction directe du composé organique sur les métaux n'est donc pas exceptionnelle.

M. Cazeneuve ajoute que la diphénylcarbazide donne cette réaction bleue, c'est-à-dire produit le dérivé mercuriel organo-métallique avec les composés à acides organiques et avec le nitrate mercurique. Mais elle se comporte d'une autre façon avec les sels mercuriels à éléments halogènes. Le sublimé corrosif donne une combinaison moléculaire. Les iodures, les bromures et le cyanure de mercure ne paraissent donner aucune réaction.

En se plaçant dans de certaines conditions, le phénomène de coloration bleue donnée par la diphénylcarbazide peut être utilisé dans la recherche qualitative du mercure. La sensibilité est considérable.

Les acétates de zinc, de plomb, de chrome, de nickel, de cobalt, donnent des précipités au sein de l'eau avec la solution aqueuse de diphénylcarbazone potassique.

Les sels d'alcaloïdes ne donnent pas de précipités avec la diphénylcarbazone potassique.

Les sels d'argent font la double décomposition et donnent un composé bleu violacé qui se décompose instantanément à froid avec dépôt d'argent métallique.

Il en est de même du chlorure d'or. Ces laques ne cristallisent pas de leurs dissolvants. Elles se décomposent avec vivacité par la chaleur. A l'analyse, elles donnent des chiffres qui concordent avec les dérivés monométalliques comme les sels alcalins. Le sel plombique répond à la formule :

$$CO \begin{cases} Az = Az - C^6H^5 \\ Az - AzH - C^6H^5 \end{cases}$$
$$|$$
$$Pb$$
$$|$$
$$CO \begin{cases} Az - AzH - C^6H^5 \\ Az = Az - C^6H^5 \end{cases}$$

Cette laque plombique peut se préparer directement en faisant bouillir au sein de l'alcool à 93° la carbazide avec l'acétate neutre de plomb. Une coloration rouge groseille intense se développe, qui est la coloration propre de la diphénylcarbazone plombique au sein de l'alcool.

Mais la réaction est incomplète, une addition de PbO^2 achève la réaction, qui devient très vive. En employant les proportions théoriques, la solution alcoolique filtrée et concentrée donne l. laque sous forme de poudre amorphe marron à reflet cramoisi.

Toutes les laques des métaux diatomiques correspondent à ce type plombique.

Les combinaisons zincique, de ferrosum, plombique, de nickel, de cobalt, de cadmium sont rouge cerise. La combinaison ferrique est brune et celle de platine rouge acajou.

Ces combinaisons, véritables laques capables de teindre, sont solubles dans l'alcool, la benzine, le sulfure de carbone. Elles sont très solubles dans le chloroforme, moins dans l'éther.

Suivant les solvants, une même laque est colorée avec des nuances un peu différentes.

CHAPITRE III

Préparation et propriétés générales
des dérivés de la diphénylcarbazide

Nous avons pu, grâce à l'obligeance de notre maître, M. le professeur Cazeneuve, poursuivre ses recherches sur les combinaisons de la diphénylcarbazide. En 1900, dans un article du *Bulletin de la Société chimique*, il démontrait que cette carbodihydrazide donnait des combinaisons moléculaires avec les acides formique, acétique, proprionique, butyrique, oxalique et picrique.

Ses recherches lui avait permis également d'établir que l'urée de la phénylhydrazine contractait des combinaisons avec tous les alcools monovalents.

A côté des alcools monovalents primaires, il a reconnu que l'alcool isopropylique et l'alcool butylique tertiaire donnaient ces combinaisons équimoléculaires.

On les obtient facilement par dissolution à chaud de la carbazide dans l'alcool.

Quelques-unes de ces combinaisons sont moins stables que les combinaisons acides. Les corps méthylique et éthylique en particulier s'effleurissent à l'air avec le temps. Mais les autres dérivés sont stables dans le vide sur l'acide sulfurique. La chaleur et l'eau bouillante les dissocient vers 100°.

Les combinaisons méthylique, éthylique, propylique, butylique normale,—benzylique se présentent sous forme d'aiguilles blanches, irrégulières, mêlées de paillettes. La combinaison isopropylique donne de grandes aiguilles blanches très irrégulières.

La combinaison amylique se présente sous forme de petits cristaux en étoiles. L'alcool butylique tertiaire donne de petits cristaux blancs groupés en étoiles et d'une grande légèreté.

Toutes ces combinaisons cristallisées, brillantes d'aspect, se dissocient de 100° à 120°.

M. Cazeneuve a pu faire le dosage d'alcool par différence.

Dans le cours de nos recherches il a fallu souvent compter avec l'instabilité de ces corps. Les combinaisons avec les acides à fonctions mixtes ne se produisent pas aussi commodément que la théorie le fait prévoir. Au début, nombreux ont été nos insuccès.

La combinaison avec les acides lactique, tartrique, citrique, succinique, ne se fait pas en milieu alcoolique. Si on chauffe par exemple, de l'alcool éthylique ou méthylique saturé d'acide tartrique, avec de la diphénylcarbazide, en quantités moléculaires, on n'obtient pas du tout la combinaison cherchée.

Par refroidissement, l'alcool employé laisse déposer de belles aiguilles de diphénylcarbazide.

En mélangeant à chaud deux solutions saturées, faites séparément et en proportions moléculaires, l'une de diphénylcarbazide dans l'alcool, l'autre d'acide citrique ou tartrique dans l'eau par refroidissement, on obtient encore de la diphénylcarbazide pure.

Par double décomposition avec les tartrates et les citrates, etc., le résultat est identique.

Lorsque la diphénylcarbazide est soluble à chaud dans la solution aqueuse de l'acide employé, la combinaison s'obtient facilement. Il suffit de reprendre la masse par l'alcool bouillant. Deux cristallisations successives donnent le produit pur. Le rendement est identique, soit avec l'alcool éthylique, soit avec l'alcool méthylique.

Ce procédé n'est pas général. Les acides présentant cette particularité sont rares. En réalité le pyrogallol est le seul corps qui fonctionne bien dans ces conditions.

Il est préférable d'employer le procédé par fusion; dans l'acide fondu, nous projetons en général une quantité moléculaire correspondante d'urée de la phénylhydrazine. Nous maintenons le mélange à l'état liquide pendant quelques minutes, en ayant soin d'éviter une trop grande élévation de température.

Lorsque le point de fusion de l'acide est élevé, nous modérons l'action en ajoutant, dès le début, une petite quantité d'eau. C'est par ce seul procédé que nous avons pu obtenir la combinaison tartrique.

CHAPITRE IV

Diphénylcarbazides succiniques

L'acide succinique nous donne deux carbazides :

1° *Bicarbazide succinique*. — Cette combinaison apparaît par dissolution de la diphénylcarbazide dans l'acide fondu.

Dans un tube à essai, on chauffe jusqu'à fusion complète 6 grammes d'acide succinique et on ajoute 12 grammes d'urée de la phénylhydrazine. Le mélange prend une teinte rouge groseille. Après refroidissement la masse vitreuse est reprise par l'alcool méthylique bouillant. Deux cristallisations suffisent pour donner le produit pur.

Il se présente sous forme de belles paillettes brillantes correspondant comme pour l'urée ordinaire à une molécule d'acide bibasique pour deux d'urée.

L'analyse a donné :

           Poids de la matière . . . . .   0 gr. 2096
           Volume d'azote . . . .   34 cc. 6
           Température de l'eau . . . . $T = 15°$
           Hauteur barométrique. . . $H_1 = 750$
           Température ambiante. . . . $t = 16°$
           Azote p. 100 : 18,93 . . . .   Théorie : 18,68

La formule de ce corps est donc représentée par le schéma suivant :

$$
\begin{array}{c}
\qquad\qquad H \\
CO - O - AzH - AzH - CO - AzH - AzH - C^6H^5 \\
CH^2 \qquad\qquad C^6H^5 \\
CH^2 \qquad\qquad H \\
CO - O - AzH - AzH - CO - AzH - AzH - C^6H^5 \\
\qquad\qquad C^6H^5
\end{array}
$$

Ces belles paillettes fondent à 95°. Elles sont peu solubles dans l'alcool froid, très solubles dans l'alcool bouillant, insolubles dans l'eau. Ce liquide bouillant les décompose. Elles sont insolubles dans la benzine, le chloroforme, le sulfure de carbone, l'éther. Ce dernier liquide semble les dissoudre en très petite quantité, mais il y a immédiatement décomposition.

L'acétate de cuivre donne avec cette combinaison la coloration violette de la diphénylcarbazone cuivreuse.

Le chlorure mercurique $HgCl^2$ projeté dans l'alcool méthylique à 95° renfermant la combinaison succinique se dissout sans produire aucune coloration. Si

à ce moment nous ajoutons une quantité suffisante
d'eau, une coloration bleu bluet intense apparaît
immédiatement. Ce n'est donc pas le sel lui-même
qui agit mais la diphénylcarbazide que l'eau précipite.

L'hypobromite de soude donne une magnifique
coloration rouge sang. L'éther permet d'isoler cette
matière colorante; c'est de la diphénylcarbazone.
Elle se forme suivant l'équation :

$$CO \Big\langle {{AzH - AzHC^6H^5} \atop {AzH - AzHC^6H^5}} + O = CO \Big\langle {{AzH - AzHC^6H^5} \atop {Az = AzC^6H^5}} + H^2O$$

L'hypochlorite de soude donne la même réaction.

2° *Monocarbazide succinique.* — Avec le même
procédé, mais en faisant agir 12 grammes de carbazide pour 3 grammes d'acide succinique, nous avons
obtenu une combinaison correspondant à une molécule d'acide pour une d'urée de la phénylhydrazine.

Ce produit comme aspect est semblable au précédent. Il donne les mêmes réactions, mais il est moins
stable ; desséché à la trompe sur l'acide sulfurique, il
se décompose.

Son point de fusion est 97°.

L'analyse nous a donné :

Poids de la matière.	0,1956
Volume d'azote.	27 cc. 2
Température de l'eau.	$T = 15°$
Hauteur barométrique	$H_1 = 750$
Température ambiante	$t = 15°$

Nous avons donc les deux formules hypothétiques suivantes :

$$
\begin{array}{c}
C^6H^5 \\
COO - AzH - AzH \\
CH^3 \quad H \\
CH^3 \quad H \qquad\qquad CO \\
COO - AzH - AzH \\
C^6H^5
\end{array}
\qquad (1)
$$

$$
\begin{array}{c}
C^6H^5 \\
COOH \quad AzH - AzH \\
CH^3 \\
CH^3 \quad H \qquad\qquad CO \\
COO - AzH - AzH \\
C^6H^5
\end{array}
\qquad (2)
$$

Il est donc nécessaire pour fixer notre choix de rechercher si, dans le produit, nous avons un (COOH) libre. Ce dérivé succinique nous donnant une réaction franchement acide, il faut s'arrêter à la formule n° 2.

DIPHÉNYLCARBAZIDE LACTIQUE

Cette combinaison s'obtient facilement. Il suffit de faire dissoudre à chaud, en proportions moléculaires, la carbazide dans l'acide lactique. Un léger excès d'acide facilite l'opération. Le produit ainsi obtenu est rouge cerise. Repris par l'alcool bouillant, il laisse cristalliser de très petites paillettes d'un blanc jaunâtre, insolubles dans l'eau, décomposables par l'eau bouillante, solubles dans l'alcool froid, insolubles dans l'éther, le chloroforme, la benzine, le sulfure de carbone.

Elles donnent les mêmes réactions que la diphénylcarbazide succinique et fondent à 90°.

L'analyse donne :

Poids de matière	0,239.
Volume d'azote	41 cc. 2
Température de l'eau . . .	18°
Hauteur barométrique. . .	$H_1 = 743$
Température ambiante. . .	$t = 17°$
Azote p. 100 : 19,36 . . .	Théorie : 19,51

Soit deux molécules de diphénylcarbazide pour une d'acide lactique.

$$CH^3 \qquad C^6H^5$$
$$CH - O - AzH - AzH - CO - AzH - AzH - C^6H^5$$
$$H$$
$$H$$
$$CO - O - AzH - AzH - CO - AzH - AzH - C^6H^5$$
$$C^6H^5$$

DIPHÉNYLCARBAZIDE TARTRIQUE

Cette combinaison est difficile à obtenir. L'urée de de la phénylhydrazine est insoluble, même à chaud, dans une solution saturée d'acide tartrique. Dans l'acide fondu, le produit charbonne facilement; ce n'est qu'avec un excès de carbazide que l'on arrive à avoir un produit fluide brun foncé. L'alcool bouillant laisse cristalliser une combinaison tartrique impure, fortement colorée. Le rendement est faible.

Pour obtenir un bon résultat, il est nécessaire de faire avec la diphénylcarbazide et une solution aqueuse saturée à chaud d'acide tartrique une véritable pâte. Ce mélange est chauffé au bain de sable jusqu'à apparition d'une teinte grisâtre. Deux cristallisations dans l'alcool à 80° donnent un produit fondant à 93°. Chose curieuse : l'alcool à 90° bouillant le décompose. Il se présente sous forme de très petites paillettes d'un blanc terreux, légèrement solubles dans l'eau à 60°, très solubles dans l'alcool froid, décomposables par l'alcool fort bouillant. Nous rencontrerons cette particularité chaque fois que nous nous trouverons en présence d'une combinaison notablement soluble dans l'alcool froid.

La diphénylcarbazide tartrique est insoluble dans l'éther, le chloroforme, la benzine, le sulfure de carbone et le toluène.

ANALYSE

Poids de la matière	o gr. 2146
Volume de l'azote.	$V =$
Température de l'eau . . .	$T = 15°$
Hauteur barométrique. . .	$H_1 = 744$
Température ambiante. . .	$t = 16°$
Azote p. 100 : 20,47. . . .	Théorie : 20,o3

Ce résultat correspond à une molécule d'acide pour quatre de carbazide. On peut représenter ce composé par la formule suivante :

$$
\begin{array}{l}
\qquad\qquad\text{H} \\
\text{CO. O—AzH. AzH. CO. AzH. AzH. } C^6H^5 \\
\qquad\qquad\diagdown\, C^6H^5 \\[4pt]
\qquad\qquad\text{H} \\
\text{CH. O—AzH. AzH. CO. AzH. AzH. } C^6H^5 \\
\qquad\qquad\diagdown\, C^6H^5 \\[4pt]
\qquad\qquad C^6H^5 \\
\text{CH. O—AzH. AzH. CO. AzH AzH. } C^6H^5 \\
\qquad\qquad\diagdown\, \text{H} \\[4pt]
\qquad\qquad C^6H^5 \\
\text{CO. O—AzH—AzH. CO. AzH. AzH. } C^6H^5 \\
\qquad\qquad\diagdown\, \text{H}
\end{array}
$$

DIPHÉNYLCARBAZIDE CITRIQUE

La préparation de ce dérivé citrique ne présente pas autant de difficultés que la précédente. L'opération peut se faire avec ou sans eau. Il est préférable d'opérer en présence d'un excès d'acide. Dans l'acide citrique fondu nous ajoutons la diphénylcarbazide. Le produit rouge groseille ainsi obtenu, mis à cristalliser dans l'alcool méthylique bouillant, laisse déposer de très belles aiguilles brillantes, légèrement colorées en rose. Elles fondent à 95°. Elles sont solubles dans l'alcool froid.

Elles sont insolubles dans l'eau (l'eau bouillante les dissocie), insolubles dans l'éther, le chloroforme, la benzine, le sulfure de carbone.

ANALYSE

Poids de la matière. . . .		0,239
Volume d'azote.	V	= 41 cc. 2
Température de l'eau . . .	T	= 18
Hauteur barométrique . .	H₁	= 743
Température ambiante . .	t	= 17
Azote p. 100 : 19,33	Théorie :	19,01

Ce résultat nous montre que nous avons en combinaison quatre molécules d'urée de la phénylhydrazine pour une molécule acide citrique.

La formule est :

$$
\begin{array}{l}
\overset{\displaystyle H}{|} \\[2pt]
CH^2-COO-AzH-AzH-CO-AzH-AzH-C^6H^5 \\[2pt]
\underset{\displaystyle C^6H^5}{} \\[4pt]
\overset{\displaystyle H}{|} \\[2pt]
O\ -\ AzH-AzH-CO-AzH-AzH-C^6H^5 \\[2pt]
\underset{\displaystyle C^6H^5}{} \\[4pt]
C \\[4pt]
\overset{\displaystyle H}{|} \\[2pt]
COO-AzH-AzH-CO-AzH-AzH-C^6H^5 \\[2pt]
\underset{\displaystyle C^6H^5}{} \\[4pt]
\overset{\displaystyle H}{|} \\[2pt]
CH^2-COO-AzH-AzH-CO-AzH-AzH-C^6H^5 \\[2pt]
\underset{\displaystyle C^6H^5}{}
\end{array}
$$

DYPHÉNYLCARBAZIDE BENZOÏQUE

Nous appliquons notre procédé général. Dans 6 à 7 grammes d'acide benzoïque fondu, nous ajoutons 12 grammes urée de la phénylhydrazine. La masse rouge cerise ainsi obtenue, reprise par l'alcool à 80° bouillant, laisse cristalliser de belles paillettes brillantes, légèrement rosées. Elles fondent à 94°-95°, sont insolubles dans l'eau et décomposables par l'eau bouillante, solubles dans l'alcool froid. L'alcool à 93° bouillant décompose cette combinaison en quelques minutes.

La diphénylcarbazide benzoïque est comme les autres dérivés insoluble dans l'éther, la benzine, le chloroforme, etc.

ANALYSE

Poids de la matière. . . .	o gr. 1967
Volume d'azote.	$V = 37,4$
Température de l'eau. . .	$T = 15°$
Hauteur barométrique . .	$H_1 = 752$
Température ambiante . .	$t = 15°$
Azote p. 100 : 16,04. . . .	Théorie : 15,38

Voici sa formule :

$$C^{6}H^{1}CO - O - AzH - AzH - CO - AzH - Az^{f} - C^{6}H^{5}$$

with $C^{6}H^{5}$ above the first AzH and H below it.

Cette combinaison alcoolique s'obtient facilement en dissolvant à chaud la carbazide dans l'alcool caprylique. Par refroidissement, il se dépose de petits cristaux en étoiles de couleur rouge brique, solubles dans l'alcool, insolubles dans l'eau, décomposables par l'eau bouillante, insolubles dans l'éther, le chloroforme, la benzine, le sulfure de carbone.

Cette combinaison caprylique se dissocie au-dessus de 100°. On peut faire le dosage d'alcool par différence.

Ce composé répond à la formule:

$$CH^3(CH^2)_3\underset{\underset{\displaystyle CH^3}{|}}{CH}-O-\underset{\underset{\displaystyle C^2H^5}{\diagup}}{\overset{\overset{\displaystyle H}{\diagdown}}{AzH}}-AzH-CO-AzH-AzH-C^6H^5$$

DIPHÉNYLCARBAZIDE PHÉNOLIQUE

L'instabilité de ce corps rend sa préparation délicate. Voici notre façon d'opérer. Nous savons que le phénol en présence d'une très petite quantité d'eau se liquéfie pour former un hydrate. Dans cet hydrate, nous faisons dissoudre à chaud autant de diphénylcarbazide qu'il peut en absorber: soit 15 gr. de carbodihydrazide pour 5 grammes d'hydrate. A froid le produit ainsi obtenu a la consistance et la couleur du baume du Canada. L'alcool méthylique à 80° bouillant le dissout et laisse déposer par refroidissement de belles aiguilles soyeuses, difficilement desséchables et fondant à 99°.

Cette combinaison phénolique se dissocie très rapidement à l'air. Nous n'avons pu la conserver longtemps, ni sur l'acide sulfurique, ni sur la potasse, ni sur le chlorure de calcium. Jusqu'à complète dissociation, elle conserve un aspect humide.

Malgré toutes les causes d'erreur que l'instabilité de ce corps nous faisait prévoir, nous avons fait un dosage d'azote. Après avoir desséché de notre mieux et le plus rapidement possible, nous avons fait l'analyse.

Le résultat a été ce qu'il devait être, c'est-à-dire approximatif. Nous avons trouvé 18,24. La théorie exige 16,60.

Cette combinaison phénolique nous a paru légèrement soluble dans l'eau et très soluble dans l'alcool, insoluble dans l'éther, la benzine, le chloroforme et le sulfure de carbone.

Ce n'est pas sans quelques difficultés que nous sommes arrivé à l'isoler.

Les composants, dans les conditions ci-dessus, mis exactement en proportions moléculaires ne donnent absolument rien. Le produit, jaunâtre, à consistance de baume du Canada, repris par l'alcool, ne cristallise pas.

Il est nécessaire d'opérer avec un excès de carbazide.

Ce corps répond probablement à la formule :

$$C^6H^5O - \underset{\displaystyle H}{\overset{\displaystyle C^6H^5}{AzH}} - AzH - CO - AzH - AzH - C^6H^5$$

———

La combinaison de la diphénylcarbazide avec ce diphénol est plus stable que la précédente. Là, comme avec la diphénylcarbazide phénolique, il faut opérer avec un excès de carbodihydrazide.

Nous faisons fondre 15 grammes d'urée de la phénylhydrazine au sein de 2 gr. 75 de résorcine. Le produit de fusion jaunit légèrement. L'alcool bouillant laisse déposer par refroidissement de très jolies aiguilles soyeuses, rosées et très légères, fondant à 96°, et moins solubles dans l'alcool que le composé phénolique.

Cette combinaison est insoluble dans l'eau, décomposable par l'eau bouillante, insoluble dans l'éther, le chloroforme, la benzine, le sulfure de carbone.

L'analyse a donné :

Poids de matière.	o gr. 1610
Volume d'azote.	27 c.c.
Température de l'eau. . .	$T = 20°$
Hauteur barométrique . .	$H_1 = 752$
Température ambiante . .	$t = 18°$
Azote p. 100 : 18,91	Théorie : 18.85

Ce résultat correspond à une molécule de résorcine pour deux de diphénylcarbazide.

Ce corps répond à la formule :

$$\text{C}^6\text{H}^4 \left\langle \begin{array}{l} \overset{(1)}{\text{O}}\text{—AzH—AzH—CO—AzH—AzH—C}^6\text{H}^5 \quad \overset{\text{C}^6\text{H}^5}{} \\ \text{H} \\ \text{H} \\ \overset{(3)}{\text{O}}\text{—AzH—AzH—CO—AzH—AzH—C}^6\text{H}^5 \quad \overset{\text{C}^6\text{H}^5}{} \end{array} \right.$$

DIPHÉNYLCARBAZIDES SALICYLIQUES

L'acide salicylique à fonction acide et phénolique nous a permis d'isoler deux combinaisons bien distinctes :

1° *Bicarbazide salicylique.* — Dans un ballon rond, nous mettons 7 grammes acide salicylique et 24 grammes urée de la phénylhydrazine. Nous chauffons au bain de sable, le mélange se liquéfie rapidement et prend une teinte rouge cerise. La réaction semble se produire entre 110° et 120°. Dès la température ambiante, le mélange est un véritable amas de cristaux.

Deux cristallisations successives dans de l'alcool à 80° donnent de belles petites paillettes nacrées fondant à 91° et correspondant à deux molécules de carbazide pour une molécule d'acide.

Cette combinaison salicylique est insoluble dans l'eau, décomposable par l'eau bouillante, soluble dans l'alcool, insoluble dans l'éther, la benzine, le chloroforme, le sulfure de carbone.

ANALYSE

Poids de la matière. . . . . o gr. 2180
Volume d'azote. . . . . . V = 38 c.c. 6
Température de l'eau . . . T = 16°
Hauteur barométrique . . H = 744
Température ambiante . . t = 15°
Azote p. 100 : 20,08 . . . . Théorie : 19,41

La formule de cette combinaison est la suivante :

$$
\begin{array}{c}
\overset{\displaystyle H}{|} \\
CO-O-AzH-AzH-CO-AzH-AzH-C^6H^5 \\
C^6H^4\diagdown\underset{H}{}\quad C^6H^5 \\
O-AzH-AzH-CO-AzH-AzH-C^6H^5 \\
C^6H^5
\end{array}
$$

2° *Monocarbazide salicylique.* — Nous prenons 6 grammes acide salicylique et 12 grammes carbazide et nous procédons comme ci-dessus. Le produit de fusion traité à chaud par de l'alcool à 75° abandonne une masse pâteuse qui cristallise par refroidissement dans l'alcool à 93°. L'insuccès est complet si on cherche à reprendre directement le produit de fusion par de l'alcool fort.

Comme aspect cette combinaison salicylique est semblable à la précédente. Elle est insoluble dans l'eau, l'éther, la benzine et le chloroforme. Elle est plus soluble dans l'alcool, mais moins stable que la combinaison bimoléculaire.

ANALYSE

Poids de matière . . . . . o gr. 2195
Volume d'azote . . . . . V = 33,2
Température de l'eau . . T = 19°
Hauteur barométrique. . H₁ = 749
Température ambiante. . t = 19°
Azote p. 100 : 16,61 . . . Théorie : 16,71

Ce corps répond à la formule :

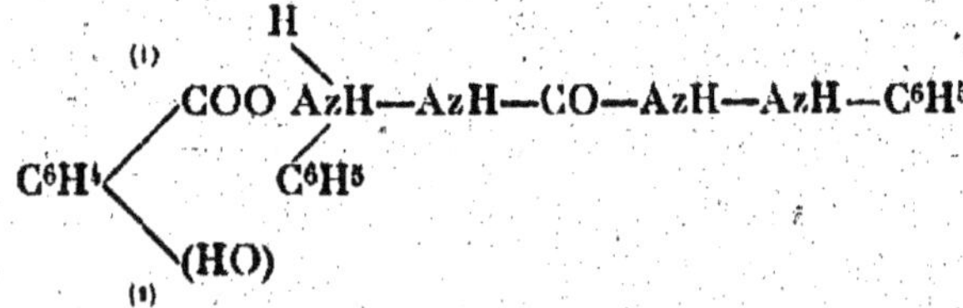

DIPHÉNYLCARBAZIDES GALLIQUES

L'acide gallique nous a permis également d'obtenir les deux combinaisons suivantes :

1° La fonction acide seule entre en jeu ;
2° La fonction acide et les 3 (OH) phénoliques de l'acide gallique contractent la combinaison.

1° *Monocarbazide gallique.* — Dans 20 grammes d'eau bouillante tenant en dissolution 7 grammes d'acide gallique, nous ajoutons 3 gr. 5 d'urée de la phénylhydrazine. Le mélange est maintenu pendant près d'une heure, au moyen d'un bain de sable, à une température voisine de 100°. L'eau s'évapore, la température s'élève, une fumée épaisse apparaît et on retire du feu. La masse grisâtre traitée par l'alcool laisse cristalliser un produit dont le point de fusion est 98°-99°. Il se présente sous forme de très petites paillettes d'un blanc grisâtre, solubles dans l'alcool bouillant, insolubles dans l'eau, l'éther, la benzine, le sulfure de carbone, le chloroforme.

ANALYSE

Poids de la matière   0,2247
Volume d'azote . . . . . .   V = 2 c.c. 75
Température de l'eau . . .   T = 19°
Hauteur barométrique . .   H = 749
Température ambiante . .   t = 19
Azote p. 100 : 13,02 . . . .   Théorie : 13,02

La formule est la suivante :

$$C^6H^2 \left\langle \begin{array}{l} CO\!-\!O\!-\!AzH\!-\!AzH\!-\!CO\!-\!AzH\!-\!AzHC^6H^5 \\ OH \\ OH \\ OH \end{array} \right.$$

avec H au-dessus du premier AzH et C^6H^5 au-dessous.

2° *Tétracarbazide gallique.* — Dans une capsule de porcelaine, on chauffe à feu nu une molécule d'acide gallique pour quatre molécules d'urée de la phénylhydrazine, soit 1 gr. 88 d'acide pour 9 gr. 68 de carbazide. Il faut une grande surface de chauffe. Dans un ballon, la réaction se fait mal. Les premières parties se décomposent avant que le reste de la masse soit en fusion. Dans une capsule de porcelaine, la réaction est terminée en quelques minutes. Le contenu de la capsule, dissous à chaud dans l'alcool fort, laisse cristalliser un produit assez semblable au précédent.

Comme lui il est insoluble dans l'eau, décomposé par l'eau bouillante, soluble dans l'alcool, insoluble dans l'éther, le chloroforme, la benzine, le sulfure de carbone. Point de fusion 99°.

ANALYSE

Poids de la matière . . . . o g. 1849
Volume d'azote . . . . . . V = 33 c.c.
Température de l'eau . . . T = 21°
Hauteur barométrique . . H_1 = 753
Température ambiante . . t = 20°
Azote p. 100 : 19,96 . . . . Théorie : 19,34

La formule est la suivante :

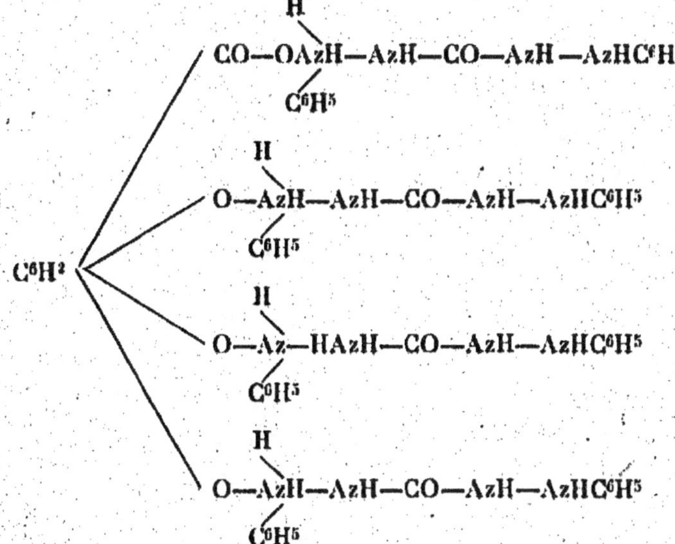

DIPHÉNYLCARBAZIDE PYROGALLIQUE

Le pyrogallol étant très soluble dans l'eau chaude, nous en faisons une solution concentrée, soit 7 grammes pour 12 grammes d'eau. Cette solution aqueuse possède la remarquable propriété de dissoudre à chaud la carbodihydrazide. Nous avons pu ainsi faire absorber 4 grammes d'urée de la phénylhydrazine aux 7 grammes de pyrogallol. La masse froide, traitée par l'alcool à 90° bouillant, laisse déposer de très belles paillettes, d'un gris beige foncé, fusibles à 98°, insolubles dans l'eau, décomposables par l'eau bouillante, peu solubles dans l'alcool froid, facilement solubles dans l'alcool chaud, insolubles dans la benzine, le chloroforme, le sulfure de carbone, l'éther.

Cette combinaison conserve les propriétés réductrices du pyrogallol. En solution alcoolique, elle ramène immédiatement à froid les sels d'or et d'argent à l'état métallique.

Comme les autres dérivés, grâce à son instabilité, elle donne avec les acétates de cuivre, de mercure, de plomb, etc., les réactions de la diphénylcarbazone.

ANALYSE

Poids de la matière. . . .	o g. 1965
Volume d'azote.	$V = 35°,2$
Température de l'eau. . .	$T = 15°$
Hauteur barométrique . .	$H_1 = 750$
Température ambiante . .	$t = 17°$
Azote p. 100: 20,13	Théorie : 19,71

Une molécule de ce triphénol se combine à trois molécules de carbazide.

Ce corps correspond à la formule :

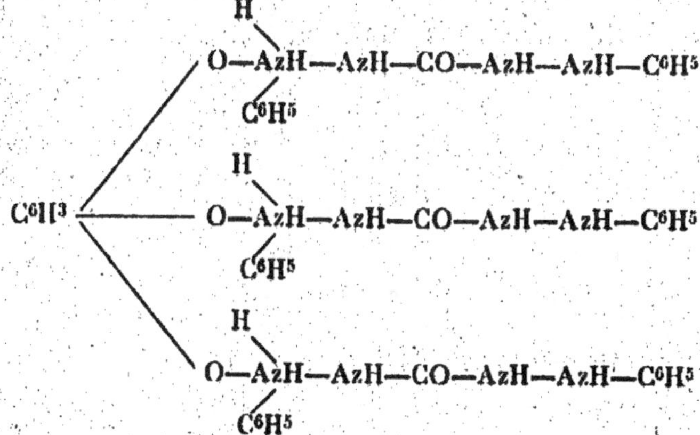

DIPHÉNYLCARBAZIDE TANNIQUE

Pour obtenir cette combinaison nous faisons dissoudre à chaud 10 grammes d'acide digallique dans 15 c.c. d'eau. Dans cette solution nous ajoutons 5 grammes de carbazide. Le tout est porté pendant quelques minutes à une température voisine de 100°. Nous filtrons rapidement pour séparer les parties insolubles. Le liquide ainsi obtenu se prend en masse par refroidissement.

Deux cristallisations successives dans l'alcool méthylique donnent le produit pur.

Cette combinaison tannique correspond à une molécule d'acide pour six de carbazide.

Elle se présente sous forme de tout petits cristaux de couleur terreuse. Elle fond à 98°-99°, et présente les mêmes propriétés que les autres dérivés.

ANALYSE

Poids de la matière	o gr. 1985
Volume d'azote	$V = 34$ c.c.
Température de l'eau . . .	$T = 16°$
Hauteur barométrique . .	$H_t = 750$
Température ambiante . .	$t = 18$
Azote p. 100: 19 gr. 44 . .	Théorie: 18,94

Le schéma de la formule est le suivant :

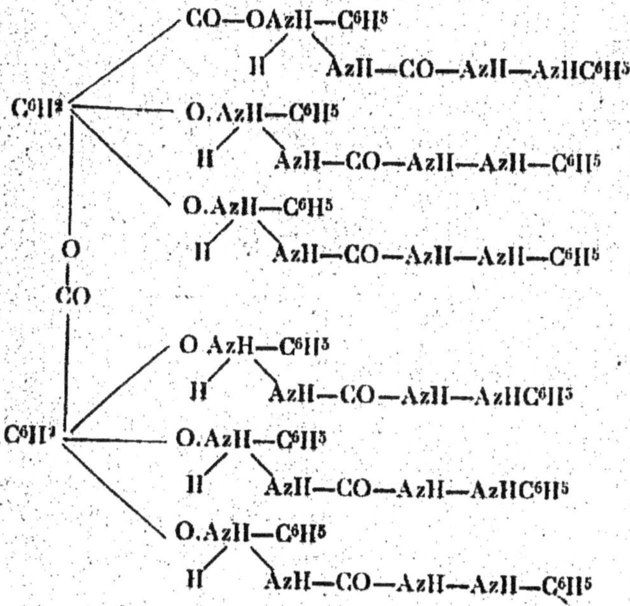

Formule de la combinaison tannique.

DIPHÉNYLCARBAZIDE CAMPHORIQUE

A 4 grammes d'acide camphorique fondu, nous ajoutons 9 gr. 68 de diphénylcarbazide.

Après refroidissement, nous reprenons la masse rouge cerise par l'alcool bouillant. Nous obtenons ainsi de très belles paillettes couleur lilas, fondant à 98°-99°.

Elles sont insolubles dans l'eau, décomposables dans l'eau bouillante, solubles dans l'alcool.

Elles sont insolubles dans l'éther, la benzine, le chloroforme, le sulfure de carbone.

ANALYSE

Poids de la matière . . . . . o gr. 2215
Volume d'azote . . . . V = 34 c.c.
Température de l'eau . . . T = 20
Hauteur barométrique . . H_1 = 750
Température ambiante . . t = 19°
Azote p. 100 : 17,09 . . . . . Théorie : 16,34

La formule est :

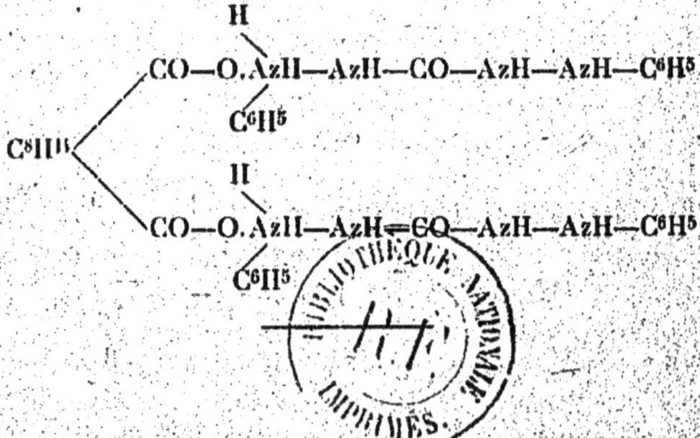

CONCLUSIONS

I. — Cette série de recherches démontre claire-
ment que la diphénylcarbazide est capable de con-
tracter des combinaisons équimoléculaires avec les
alcools primaires, secondaires et tertiaires ; avec les
acides à fonctions simples et à fonctions complexes ;
avec les phénols mono, bi et trivalent.

II. — Il est nécessaire pour obtenir ces combinaisons d'opérer par fusion.

Ce procédé général nous a permis de préparer les
combinaisons succinique, tartrique, citrique, benzoïque, phénoliques (phénol, résorcine et pyrogallol),
gallique, tannique et camphorique.

III. — Tous ces corps fondent à une température
voisine de 98°. Cette température n'est pas fonction
de celle à laquelle fond le corps à combiner. Ainsi le
phénol fondant à 40° et l'acide gallique à 200° engen-
drent l'un et l'autre une combinaison moléculaire
dont le point de fusion est 98°-99°.

IV. — L'air et l'humidité les décomposent. Toute-
fois ils opposent à cette dissociation une plus ou
moins grande résistance suivant la fonction acide,

alcoolique ou phénolique du corps employé. La diphénylcarbazide phénolique est la plus instable. La combinaison avec la résorcine résiste quelques jours. Mais d'une façon générale, au bout de quelques mois la dissociation est à peu près complète.

V. — Cette instabilité nous explique pourquoi tous nos produits présentent les réactions de la diphénylcarbazide. Ainsi les acétates de cuivre, de mercure, de plomb, etc., nous ont donné avec nos combinaisons équimoléculaires les diphénylcarbazones correspondantes.

VI. — Les corps nombreux que nous avons étudiés permettent de conclure que la différence de l'affinité réactionnelle des deux (OH) de l'acide carbonique persiste jusque dans les composés amidés de cet acide. C'est pourquoi pour la plupart des acides ou alcools polyvalents employés, chaque oxydryle a demandé une molécule de diphénylcarbazide, alors que si les deux (AzH) étaient identiques entre eux, une seule molécule de carbazide pourrait saturer deux (OH).

LYON — IMP. A. STORCK ET Cⁱᵉ, 8, RUE DE LA MÉDITERRANÉE.

INDEX BIBLIOGRAPHIQUE

CAZENEUVE et MOREAU. — *Bulletin de la Société chimique de Paris.*

HELLER. — *Lieb. Ann. Chem.*

PINNER. — *Bulletin de la Société chimique de Paris.*

SKINNER et RUHMANN. — *Deutsche clinische Gesellschaft.*

WURTZ. — *Dictionnaire de chimie.*

ERRATA

Page 4, ligne 10, au lieu de :

$$CO\begin{cases} AzH - AzHC^4H^5 \\ AzH - AzHC^4H^5 \end{cases}$$

Lire :

$$CO\begin{cases} AzH - AzHC^6H^5 \\ AzH - AzH - C^6H^5 \end{cases}$$

Page 9, ligne 3, au lieu de :

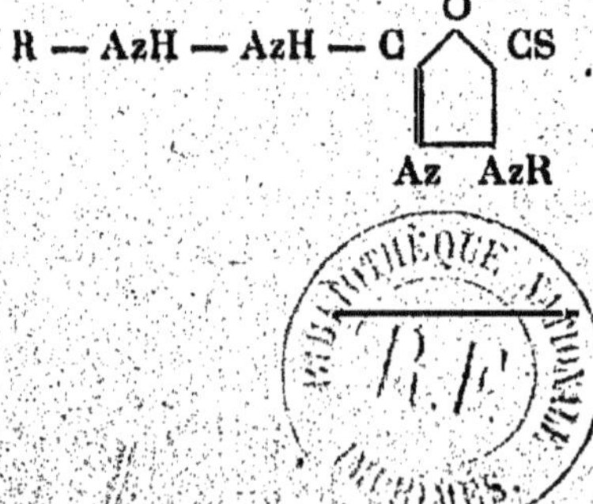

Lire :

R — AzH — AzH — C   O   CS
Az   AzR